森之居的秘密

如何擁有自然風的家

前 言

　　非常高興收到出版社關於該題材的寫作委托，本人非常關注自然系設計風格，並且還時常將其運用於實際的建築與室內設計項目中。

　　當下的家居設計風格眾多，如常聽到的新古典、中式、歐式、美式風格等，但這些可作為銷售賣點的風格都被加以誇大，久而久之人們便覺得這些才是家應有的樣子，隨之帶來的則是審美的疲勞與偏差。而如今，隨着綠色設計深入人心，我們應開始對這種現代的奢華進行反思，卸下這種刻意的裝飾，回歸至一種自然的本質，讓家真正能夠成為一個返璞歸真的地方。用自然的方法打造我們的居室空間，從自然中獲得靈感，從自然中感悟生活的本質，這也是本書想傳遞給讀者的。

　　經由序章，本書從第2章開始，向讀者介紹不同自然風家居的設計方法，其實設計是開放的，希望讀者能通過本書，舉一反三，探索與發現更新穎的設計方法。第3章介紹自然風設計手法在居室空間中的效果。第4章是與主題相關的DIY 章節。家是一個需要長久經營以及自我參與的場所，親自手作所裝飾的空間將會擁有一份特殊的人情味。第5章將全書的理念濃縮成了17 個關鍵詞，以此作為一份禮物送給讀者。

　　最後，我要由衷感謝朱淳導師對於本書的大力支持，另一位作者嚴麗娜的鼎力合作，我的好同事張祐寧（一名留美景觀設計師）提供的一些有趣的建議，我的英語口語老師蔣智天（Sophie）、好友陸佳璐為本書的英文書名的獻策。還有我的父親張康明，他是一位老師、一位記者還是一名作家，以及我的母親忻玲珍，他們是本書的第一批讀者，還有彭彧、黃雪君、聞曉菁、朱俊、王乃霞、郭強、王一先、李娜娜、李佳、李琪、虞思成、王純、陸瑋、張琪等同仁和朋友的幫助。

張 毅

目 錄

第 1 章
森之家的「秘密花園」

我們來自森林

大自然充滿了色彩，她擁有綠意盎然的森林，

還有那銀裝素裹的白雪；

大自然充滿了質樸，她的一切都是那麼的真實，

沒有多餘的裝飾；

大自然充滿了安全感，她一點都不浮誇，

窩在樹洞裏讓兒童備感安全

……

都説喜歡大自然的人很懂得生活，而且還很厲害，

因為他們喜歡從自然中獲得能量，

把手伸進河裏，讓水流過每一寸肌膚，

或把手依在樹上，體會着大自然的觸感。

大自然就像家一樣，眷顧着我們每一個人，

我們熱愛自然，因為我們來自森林。

圖 1-1
利用自然元素打造的
自然盆栽，為家帶來
綠色的點綴

回歸綠色，回歸自然

　　家是盛放心靈的港灣，家中的綠色總有神奇的魔力，能撫慰來自繁忙生活的倦意。自然清新的綠植，森系柔和的色調，善於利用自然元素打造出屬於家的那份愜意，讓家的每一寸角落都充滿來自森林的自然禮遇。

　　家是一個能讓人返璞歸真的地方，過多的繁複元素堆積反而使人產生審美的厭倦感。我們應當對現代奢華設計有所反思，從自然中感悟生活的本質。卸下原本浮誇繁複的裝飾，回歸自然本源的家才是最靠近心靈的場所。陽光灑進房間，桌上新萌的嫩芽沐浴在陽光之中，讓家迸發出新的綠色生機（圖1-2）。

圖 1-2
新生的綠葉給家帶來
了新的生命活力

關於本書

自然總會教會我們許多生活之道，我們可以從自然界中學習利用自然元素，將自然帶到居室空間中。「森之居」是一個包含自然主題的家居設計風格（也即森系主題或風格），其構成要素不僅僅包括植物，還有色調、材質、圖案、陳設以及任何構成有關的要素。本書的主要內容通過自然主題的家居空間圖片欣賞，配以文字的點評與歸納來介紹如何將普通的空間打造成充滿自然風格的家居環境，其中包括設計方法的分類介紹、不同家居空間的欣賞以及DIY等內容。希望讀者能通過本書了解自然風格的設計方法，將本書的自然設計應用之道延用到日常的家居風格中（圖1-3）。

圖 1-3
善於發現自然之美，
在家的各個角落展現
自然風格魅力

第 2 章
怡然自得的森景之道

　　自然界無時不刻在與我們進行對話，也許是清晨一抹柔和的色彩；也許是樹下一片青翠的苔蘚；也許是林中一道迷離的陽光。自然而然，自然而道，這一切的自然語言就好像無盡的設計靈感，這一切的自然之道就讓我們一起來揭開謎底。

濃妝淡抹的秘密——色彩與材質

🏠 色彩基調

　　當閉起眼睛，你對自然的第一印象是甚麼？是湖泊亮綠的水面？是林間溫暖的原木？是山頂晶瑩的白雪？還是流過山頭銀色的霧氣呢？都沒錯。大自然在用多變的色彩展示她的生命力，而她的每一片景致就猶如一件色調優秀的攝影作品，值得我們細細品味（圖2-1～圖2-27）。

圖 2-1、圖 2-2
自然中提取的綠灰色調高雅且寧靜，是森系之家的代表之一

圖 2-3
綠灰色的牆面，配以綠色的
家具，再搭配綠色系的裝飾，
綠色的基調就形成了。畫面
中不同的綠色有着明度變化，
對比度十分強烈

圖 2-4
非常明快的綠灰色調，大部分顏色的純度都是柔柔的，一點也不強烈，給人一種寧靜，如少女般的感覺

圖 2-5 ~ 圖 2-7
不僅僅是硬件，綠色還可以「蔓延」
到家中的各個地方，如陳設或布藝
面料等，以及任何你覺得有趣的地
方。這樣，一個完整的森系世界誕
生了，這就是色彩的魅力

圖 2-8 ～ 圖 2-10
非常敞亮的白色調（高調）。
它就好像是一張白紙，抹在
上面的任何色彩，都會顯得
無比純淨

圖 2-11（左圖）
畫面中除了植物，其他顏色
幾乎為純淨的白色，這樣的
色調最能體現植物的生機。
畫面中的植物還起到了圍合
空間的作用

圖 2-12（右圖）
植物、栽培容器配合白色牆
面形成了一幅如同油畫般的
場景

圖 2-13 ~ 圖 2-15
白色背景襯托下的飯廳一角
以及懸掛着的兩組小裝飾品

圖 2-16
客廳一角。為襯托主人特意搜集來的原木茶几和手作邊几，牆面、家具以及陳設多選擇了白色

圖 2-17
暖色調的飯廳一角。溫馨的顏色使人聯想到森林以及原木，為了契合基調，金屬器皿選擇了銅色

圖 2-18（左圖）
原木是體現暖色調最理想的
材質之一。在反射影響下，
周圍的環境也會罩上一層淺
淺的暖色

圖 2-19（右圖）
用暖色容器栽種的蕨類以及
蘭花等植物，枱面為原木。
為強調整體顏色關係，「鵝
蛋」是用原木加工出來的。
既是一組自然的小場景，也
遵循色彩搭配原則

圖 2-20 ~ 圖 2-22
不同暖色材質以及陳設所搭配
出的場景。暖色物體的色相略
有不同，但仍顯得十分和諧

圖 2-23
暖色調的飯廳一角。溫馨的色彩以及原木使人聯想到
森林，用餐過程就好像圍着野餐一樣

圖 2-24 ~ 圖 2-26
與白色異曲同工，灰色背景同樣能襯托自然元素的色彩，但灰色調更能體現出沉穩與優雅。畫面中的原木地板經由灰色的襯托，成為了空間的焦點，為冷淡的空間帶來了生氣

圖 2-27
繁忙的都市生活，使我
們厭倦了燈紅酒綠，而
轉向淡泊與穩重的環境。
而當自然主題與灰調相
碰撞，又使得這種冷靜
與優雅，多了一分自然
的溫馨與俏皮

材質與肌理

我們熱愛自然，不僅僅熱愛她的顏色，也熱愛她的觸感。我們厭倦了冰冷的金屬，厭倦了大塊奢華的石材，而相較之，原木則親切得多。自然的材質與肌理，這也許是我們熱愛自然的又一個理由吧（圖2-28～圖2-68）。

圖 2-28、圖 2-29
森系的重要主角之一——原木，這是我們最熟悉不過的自然材料。它帶給我們一種與生俱來的親切，因為我們都來自於自然。畫面中的牆面和家具都由紋理非常清晰的原木製作而成

圖 2-30、圖 2-31
客廳以及飯廳一角。地板以及
置物容器的原木肌理都得到了
很好的保留，未上油漆的做法
非常原生態

圖 2-32 ~ 圖 2-35
原木就如同居住在家中的一位頑皮精靈，它可以
在這裏出現，也可以在那裏出現；可以以這種形
式出現，也可以以那種形式出現

圖 2-36
基於灰色調，配合原木家具與
地板的睡房。家具雖然是用現
代化工藝製作，但仍然保留了
原始紋理與質感

圖 2-37 ~ 圖 2-39
藤製品、竹編製品（以及其他自然材料的編織品）保留了原木的溫馨，但又多了一分獨有的輕盈，還有一分手作的溫情，它就如同自然所給予的禮物一樣

圖 2-40（上圖）
藤製的藤袋本身就是一件富有
自然氣息的裝飾品，誰說它就
只能用來逛街呢

圖 2-41（左圖）
陽台一角。坐上吊椅，來一次
與自然的親密接觸，搖擺的瞬
間就好像坐上了公園的鞦韆

圖 2-42
選用竹編燈具裝飾的飯廳一角。你能想像出燈光開啟那一剎那的效果與驚喜嗎

圖 2-43
竹編製品搭配原木以及綠灰色調的
客廳。為迎合主題，抱枕突發奇想
地選用藤編圖案。編織的茶几散發
着強烈的手作味，就好像一件藝術
品。混色的藤製花盆與牆上的五星
藤盤形成了圖案的呼應

圖 2-44
即使是白靜的面磚，只要抓
住自然的要素，如小塊面的
比例、自然質感的肌理、適
中的飽和度等，也能實現獨
特的轉型

圖 2-45 ~ 圖 2-47
表面啞光的馬賽克，就好像水邊的小石子。樹葉紋理的面磚會帶給你森林的感覺

圖 2-48 ~ 圖 2-50
若覺得純色面磚太單調，自
然圖案的花磚也是個不錯的
選擇。花磚表面的樣式很豐
富，選擇很多

圖 2-51
由花磚（樹葉、花朵圖案）所裝
飾的浴室空間。花磚牆成為空間
焦點，散發着濃濃的裝飾美

圖 2-52
軟木無毒無味、手感柔軟、體
感溫和，至今仍沒有人造產品
能與其媲美。它是森之居理想
且環保的材料之一

圖 2-53 ~ 圖 2-56
軟木的可塑性優良,具有非常好的彈性與耐磨等特性。但和其他材料相比,它在家中用得還不多,還在靜靜地等待着我們發掘

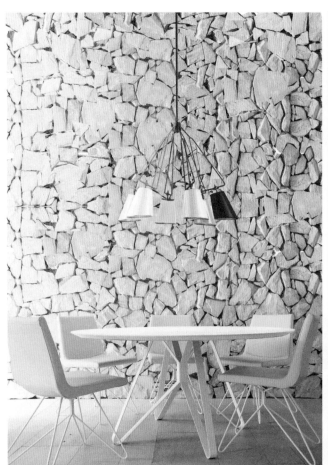

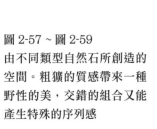

圖 2-57 ～ 圖 2-59
由不同類型自然石所創造的
空間。粗獷的質感帶來一種
野性的美，交錯的組合又能
產生特殊的序列感

圖 2-60
用紋化石作為空間前景的閣
樓飯廳。粗獷的質感和精緻
的用餐環境形成了強烈對
比,好像穿過山洞,來到了
一處新世界一樣

圖 2-61
時常在公園中看到，那些用舊了的公共家具反而顯得與自然其樂融融，這是一種時間的魅力，也是森之居可以進行的一種嘗試──表面做舊處理

圖 2-62 ~ 圖 2-64
經做舊處理的家具，會露出
內部的原木，就如同與自然
經過了長久的接觸。而那些
通過舊物利用的木材已重獲
新生，它們好像訴説着一個
自然演變的故事

圖 2-65
書房中一面特製的牆。通過牆面刷毛的工藝產生了肌理，體現了一種自然演化的美，也使牆面不這麼單調了

圖 2-66～圖 2-68
與做舊表面異曲同工，暴露
式做法或表面預留肌理，也
體現了時間的韻味，有一種
自然演化的印記美

長成你喜愛的模樣——形式與符號

🏠 天然形式

　　在自然界中，物體有着天然的形式，就好比沒有兩片完全一樣的葉子一樣。而工業化的生產則打破了這種規律，這不免喪失了一種自然的趣味，工業的污染也破壞了環境。而如今人們發現，天然的形式更能打動人心，手作之美也被啟用，這也許是一種本質的激發，也許是一種東方美的哲學（圖2-69～圖2-79）。

圖 2-69
用原木製作的床板。原木上誇張的裂紋被保留了下來，缺失的角以及顏色也並沒有進行處理

圖 2-70 ~ 圖 2-72
由樹幹或者樹椿做成的家
具，雖然局部進行了切割，
但大部分天然的造型得到了
保留

圖 2-73
如今人們發現，即使是機械加
工的產品，也能保留自然的神
韻，就如同畫面中的家具一樣，
摒棄了常見的那種打磨平整的
表面

圖 2-74（上圖）
通過樹脂配合熔岩石製作的枱面，外形打磨得非常光挺，但透過樹脂，可以看到熔岩石內部清晰的構造

圖 2-75（下圖）
用樹枝拼接而成的藝術品，雖然有規則的外輪廓，但內部仍然是自然形態

圖 2-76 ~ 圖 2-78
天然形式的另一種美，是一種
手作美，是一種原生態的美，
也是一種不對稱的美

圖 2-79
手作的裝飾品，雖然不如機
械加工那麼光挺，但卻別有
一番風味。如果是親手 DIY
的作品，則更能體現一種參
與生活的態度

🔷 自然符號

如何使家中能輕鬆的產生濃郁的自然氣息，自然符號是個不錯的選擇。一切你所能想到的，如植物、動物都能加入這個隊伍。作為自然符號的載體，壁紙是個不錯的選擇。寫實的圖形能反映生動的場景，而繪畫的、平面化的圖形則能體現出與眾不同的藝術與設計氣息（圖2-80～圖2-90）。

圖 2-80、圖 2-81
寫實類壁紙就好像把自然場景搬入了家中。這一類壁紙通常可以訂製，圖案完全可以自行設計

圖 2-82
自然系壁紙配上真實的植物，
你能區分兩者嗎？還是已經
陶醉在自然的懷抱中呢

圖 2-83
繪畫感的圖案將體現出濃郁的
藝術氣息，如果你是一個繪畫
達人或藝術家，為何不嘗試一
次有關自然主題的創作呢

圖 2-84 ～ 圖 2-86
粗獷與細緻的筆觸，黑白與
艷麗的色彩，將不同的自然
元素表達得個性十足。其實
圖案的主題不一定是植物，
動物或與之相關的素材皆可

圖 2-87
配有平面圖案的睡房一角。
如果說繪畫圖案表達的是藝
術性，那麼平面化的圖案則
體現了設計感，就猶如時下
流行的扁平化設計，更受到
年輕一代的青睞

圖 2-88 ~ 圖 2-90
遵循平面構成規則的各種自然圖案，對於追求現代風格的人們，這是一種理想的表現方式

和煦春光的柔美——布藝與陳設

布藝用品

　　布藝用品的面料有輕柔的表面，觸摸時就好像收穫了自然的輕撫。抱枕是家居中重要的布藝用品之一，富有植物圖案的抱枕是森系主題空間靚麗的色彩來源，它能使你與自然來一次親密的擁抱。而棉麻質品，由於具有相對粗糙的表面，則能帶來一種原生態的呼喚，一種自然的觸覺（圖2-91～圖2-97）。

圖 2-91、圖 2-92
自然圖案不僅可以用在牆面上，布藝用品，包括軟墊、抱枕、窗簾、被套等也是其常見的載體

圖 2-93
以布藝沙發為主題的客廳。素色的
環境用來反襯抱枕的圖案，鮮活的
植物與抱枕產生了色彩呼應

圖 2-94
配以草圖案床套與枕套的睡房一角。這是一種非常有趣的面料

圖 2-95 ～ 圖 2-97
相較高貴與光滑的綢緞，棉麻
製品更顯親和，它獨特的觸感
與眾不同，它的色彩就好像清
晨的迷霧一樣溫和柔美

🪨 陳設藝術

　　藝術來源於自然，來源於生活。用自然之道藝術化空間是森之居再貼切不過的方式了。樹葉標本畫的天然度，是手工繪畫很難達到的；玻璃容器配上植物可謂一種經典搭配；形態各異的花盆，承載着我們對自然的嚮往。而手作藝術，則散發着原始美，既然想接觸自然，多保留些原生態的痕跡又有何不可呢（圖2-98～圖2-108）。

圖2-98、圖2-99
用寫實植物畫或植物
標本畫裝飾的空間。
緊湊的佈置方式，形
成了強烈的視覺衝擊

圖 2-100
書房一角。大幅的樹葉畫成為了空間的視覺焦點

圖 2-101 ~ 圖 2-103
說到森之居，自然少不了植物，
也少不了植物的黃金搭檔——各
類花盆。與玻璃器皿一樣，花盆
的藝術性與植物自然形相配合，
可為空間增上濃墨重彩的一筆

圖 2-104
花盆的選擇方式之一是與空間的色調相呼應。花盆的造型雖然可以富含藝術性，但也不能過於誇張，畢竟植物才是主角

圖 2-105
玻璃器皿配上植物的睡房
一角。器皿的藝術性和植物
的天然性可謂是一種經典
的搭配

圖 2-106 ~ 圖 2-108
形形色色的玻璃器皿與不同
的植物搭配效果。玻璃器皿
搭配水培植物可以觀察到植
物的根部，而搭配乾花則能
體現構成的美感

流光溢彩的魅力──燈具與光影

🪨 燈具

透過陽光，斑駁的樹蔭下時常發生浪漫的事，光給自然帶來了生命，也帶來了愉悅。自然形式的燈具本身就是一件作品，它為淳樸的空間帶來了藝術，獨特的造型也為空間帶來了一分愉悅（圖2-109～圖2-117）。

圖 2-109 ~ 圖 2-111
談到燈具往往會令人聯想到現代感，但運用
木質材料製作的燈具則能體現出自然的溫情

圖 2-112、圖 2-113
原木用材以及自然造型的燈
具。淺色燈罩上的圖案源於
花鳥場景,而綠色條狀的燈
罩則是用樹脂和顏料製作而
成的

圖 2-114 ～ 圖 2-116
當光源開啟時，朦朧的燈光產
生了柔柔的影子

圖 2-117
將植物與吊燈組合在一起的燈
具。懸掛在空中的植物在光線的
映襯下，顯得更加生機勃勃

🀫 光影

當光源開啟後，獨特的光斑則猶如一層天然的覆蓋物，罩滿「大地」，即使再平淡的空間也能得到意想不到的轉型（圖2-118～圖2-122）。

圖 2-118
配有木質燈的几案一角。細細長長的陰影就好像穿透森林的陽光，落在了房中的每個角落

圖 2-119 ~ 圖 2-122
透過燈罩上的孔洞，光還能表
現出猶如林蔭下斑駁的光影效
果，即使再平淡的表面，也能
展現多彩的自然一面

「拈花惹草」的專屬寶地——創意「花園」

作為森之居的重要成員，植物對於我們來說並不陌生，但在森之居的植物世界中，還存在着一個秘密花園，一群奇異的生靈正在那裏迎接着你的到來。

🧩 鋪滿大地的地毯——苔蘚藝術

圖 2-123
時下非常流行的苔蘚造景，對於很多設計師來說還非常陌生，但對於森之居而言，可是有舉足輕重的地位

在中國傳統園林中，無苔不成園，即使再平凡的表面，只要披上苔蘚的外衣，也能獲得自然的眷顧。在微觀世界中創造美、發現美，在平凡的書桌上開闢出一塊綠色的天地，在單調的牆面上搭建出一幅自然的縮影，這也許是苔蘚（包括苔蘚微景觀）愈來愈受歡迎的重要原因（圖2-123～圖2-132）。

圖 2-124 ~ 圖 2-126
各種表現形式下的苔蘚微景觀。
懸掛樣式的，牆面或頂面，都能
成為苔蘚藝術的載體

圖 2-127 ~ 圖 2-129
用景觀設計的思路來營造這個微型世界，你會發現在這片方寸天地，構圖、用色、材質等因素原來大有用武之地

圖 2-130 ～ 圖 2-132
苔蘚景觀絕對不是孤立存在
的，它就像家中一件特殊的
藝術品，是空間的一分子，
為森之居貢獻着獨特的力量

🪨 不需要土的植物——空氣菠蘿

　　空氣菠蘿是一種不需要土壤的植物，也許正是這種神奇的特性，給了它在家居中極大的「可塑」空間。極好打理的種植方式也將給你一種維護植物的成就感。桌面的擺設、牆面的裝置，單獨擺放或與容器配合，任何你所能想到的創意，空氣菠蘿都能勝任（圖2-133～圖2-141）。

圖 2-133 ～ 圖 2-135
空氣菠蘿可以放在不同的容器內，並擺在房間的各個角落，亦可做成頭飾。當然，采光與通風良好的窗邊才是最理想的位置

圖 2-136、圖 2-137
空氣菠蘿可以配合精緻的容器
單純養殖,也可以契合空間主
題,配上裝飾品進行造景

圖 2-138
非常素雅與明快的飯廳
一角,但通過空氣菠蘿,
自然感油然而生。如果
換作是普通植物,一定
會用到很多花盆,佔據
不少空間

圖 2-139 ~ 圖 2-141
家居中，各式容器襯托下的空
氣菠蘿。若想要欣賞到植物最
良好的狀態還需經常打理

泉中舞動的精靈——水生植物

在自然界中，我們很喜歡在水邊嬉戲，水是生命的源泉，也是一種靈氣的象徵。也因為如此，從水中長出的植物有一種靈秀之美、輕盈之美，與陸地上的植物相比更有一番精緻感。而透過水族箱，水下的神秘世界被我們一覽無遺，游動在水草間的魚兒帶給我們一種自由的愉悅，流連忘返，在這一刻，時間彷彿靜止了。感謝水生植物為家居增添這一分滋潤的自然感（圖2-142～圖2-150）。

圖2-142、圖2-143
挺水植物精緻的葉片和靈氣的莖杆與陸生植物相比別有韻味，它那特殊植株造型也是不常見到的

圖 2-144 ~ 圖 2-146
通過苔蘚或各類挺水植物製作
的佗草。佗草是一種將植物種
在基質球上的植栽方式,比較
類似苔玉,半成景的造景方式
十分高效。在水族領域,佗草
已經非常流行,但對於普通人,
它還很陌生

圖 2-147 ~ 圖 2-149
居室中的水族箱嫣然成
為了空間綠色的焦點，
尤其是在夜晚，就好像
一顆通透的明珠

圖 2-150
談到水族箱，很多人會狹義地
認為只能用來養魚，但其實不
然。當下水族造景十分流行，
通過水草、沉木以及石塊的搭
配組合，創造出一片自然的景
象。通過水族造景，將家居的
自然感延伸到了水下

✿ 多汁飽滿的寶貝——多肉植物

是甚麼如此眷戀着我們去養殖多肉植物？是造型怪異的植株？是便利的維護方式？還是多姿的色彩？也許每個人心中都有一個答案。不過在森之居中，多肉植物已經突破了植物學範疇，搖身一變成為了家中陳設的藝術品，還成為了空間的重要角色（圖2-151～圖2-157）。

圖2-151～圖2-153
多肉植物的形態豐富，顏色多變，配合不同的栽種容器，又產生了新穎的效果

圖 2-154
窗台邊不同種類的多肉植物。雖然植株形態各異，但大多都是綠色的，非常符合空間的色彩基調。各類花盆的顏色純度控制恰到好處，小紅陶盆又成為了點睛之筆

圖 2-155 ～ 圖 2-157
綠植為家增添了森林的氣息，我們欣賞植物的同時也在欣賞生命的美，就好像圖中生機勃勃的多肉

第 3 章
「錦上添森」的自然世界

如果說大自然是一個大花園的話，那麼我們的家居則是其中的一個小花園。在那裏充滿了各式植物，你可以欣賞到美好的景致，也可以悠坐在那裏享受美好的時光。

願每個人都擁有這樣一處自然花園，在此，讓我們一起來打造你的秘密花園。

淳樸至美的盛情邀請——玄關

玄關就好比花園的入口，它是陽光與溫情的通道，是訪客的必經處，也是一個領域的界定處。它帶有「花園」的特色，但又將尺度把握得恰到好處，它給人一種視覺上的暗示，以能產生期待的聯想。

作為森系世界的入口，玄關通過佈置焦點（自然元素）的設計方式，如陳設、器物、家具或場景，便可留給人們獨特的印象（圖3-1～圖3-12）。

圖 3-1、圖 3-2
兩處灰色調的玄關。主人用灑水壺作為存放鑰匙的地方，麻製的地毯與蓋毯，帶來一種自然的觸覺。大大小小的南瓜抱枕就好像採摘的收穫，給人帶來一種田間的回憶。綠色的植物和橙色的「南瓜」為空間增添了歡樂的色彩

圖 3-3
藤編製品與原木構建出富有
場景感的玄關。原木材質的
表面保留了濃濃的時間的
痕跡，不知是設計師刻意追
求，還是主人有意留下

圖 3-4（左圖）
配有編織袋的玄關一角。
只要稍加裝飾，即使是
一面白牆，也會完成自
然的轉型

圖 3-5（右圖）
貼有自然圖案壁紙的玄
關。大面積的棕櫚葉壁
紙創造了一面綠牆，原
木的家具以及地板皆為
自然材質，大大小小的
陳設與植物又再一次強
調了自然主題

圖 3-6 ~ 圖 3-8
幾組帶有自然元素的玄關場景。原木與麻布的家具呈現自然的質樸，架子上的裝飾品既有手作作品，又有自然主題裝飾品

圖 3-9
帶有植物牆的居室入口。選用
深墨綠色襯托植物的構想做法
十分大膽,坐在沙發上的同時
可以欣賞到室內與室外的植物

圖 3-10（左上圖）、圖 3-11（左下圖）
通過不植栽裝飾的玄關。有的用插花的
形式佈置在牆上，有的則落在花盆裏，
原木的花盆與藤編的坐墊非常協調

圖 3-12（右下圖）
樹葉壁紙作為背景的玄關。綠色的風衣
與及收納袋也許是攝影師為尋找色彩關
係特意找來的

相聚在繽紛的青翠世界——客廳、廚房、飯廳

客廳

　　客廳就如同花園的聚會廣場，是一切事件發生的核心場地，承載着會客、娛樂以及外交的任務。它是整個花園的風貌核心，周邊圍繞着別致的「景觀」，各種奇異的植物、家具以及小裝置等都可規劃在這裏。

　　客廳是想像力最豐富的地方，各種創意都將在這裏實現，但它們又共同遵循着一種規則（如色彩、材質），並形成一個完整的系統（圖3-13～圖3-28）。

圖 3-13
帶有原木地板的客廳一角。造型非常單純的客廳，但幾乎所有裝飾品都源於自然主題

圖 3-14
自然壁紙襯托下的睡房。平面感十足的植物壁紙，為田園風格的家帶來了設計的氣息

圖 3-15（左圖）
客廳的沙發由植物圖案面料
製成，牆面原木飾的分割縫
未加特別處理，茶几是利用
舊箱子改造而來的，而置物
架則是從溫室搬來的

圖 3-16（右圖）
自然圖案的壁紙，原木與藤
質的材質，再配合植物，構
成了一種經典的森系主題搭
配方式

圖 3-17
懸掛着的綠植成為空間的隔斷，
也成為視覺的焦點。頂部配有射
燈，即使是晚上也能欣賞植物

圖 3-18（左上圖）
暴露式牆面做法的客廳。雖然
工業風強烈，但自然感仍然通
過表面做舊的家具、原木和植
物的配合體現了出來，同時調
和了酷酷的工業風

圖 3-19（右上圖）
運用金屬網來懸掛植物也是個
不錯的選擇，且自由度很高

圖 3-20（左下圖）
通過綠植、自然圖案、藤編製
品以及陳設等要素打造出的客
廳，主題非常自然

圖 3-21（左上圖）
將植物吊在天花上是個有趣的方法，可以觀察植物長長的莖。整個空間為非常敞亮的白色基調，因此植物的色彩非常醒目

圖 3-22（右上圖）
灰色搭配原木材質的客廳。入口採用了原木的穀倉門，頂面則保留了建築的木質結構

圖 3-23（右下圖）
另一處白色基調的客廳空間。明亮的色調突出了原木家具的主體位置。家具雖然由機器加工，但表面的木質紋理非常清晰

圖 3-24（左圖）
使人聯想到天空的客廳。葉片的裝飾畫在空間中顯得奪人眼球，藍色、麻製面料的沙發帶給人們天空的感覺。邊几的表面是藤編的，幾處藤製品有色彩上的呼應

圖 3-25（右圖）
客廳一角。邊几上的燈架採用了原木材質，幾處銅色的金屬顯得與原木色十分和諧

圖 3-26（上圖）
狗狗「看護」下的客廳。客廳的茶几是利用回收的木料製作而成的，帶有強烈的手作感，沙發上的毯子與地毯是麻製的。整個畫面的色調非常溫暖，就連狗狗的顏色也很入調，這就是色調的重要性

圖 3-27（下圖）
原木配合白色鋼結構打造的客廳空間。室內設計運用了景觀的手法，將戶外的汀步與鋪裝引入了室內

圖 3-28
房子的主人十分熱愛自
然，於是在採光中庭裏
種滿了植物，整個家每
天的活動便是在這個「植
物園」展開

廚房、飯廳

如果説客廳是一個外聚場所，那麼廚房與飯廳則是一個家庭內聚的場所，就如同花園中的下午茶涼亭。在這裏，一家人可以享受做飯與用餐的樂趣。

在廚房中，各種自然質感或圖案的小面磚是個不錯的材料，原木的家具也能很好地體現主題。如果飯廳與廚房是開放式的，設計風格可以與客廳統一，使空間在視覺上更完整（圖3-29～圖3-49）。

圖3-29、圖3-30 兩組自然系主題的廚房一角。原木的案板以及推車上擺放着作為裝飾的植物。整個色調是銀灰色的，並沒有使用那些奢華的材料

圖 3-31（左圖）
鋪有灰色地磚的廚房。
地磚淡淡隱含了植物圖
案，牆上的面磚是小塊
的，表面帶有起伏。灰
白的色彩基調同時又突
出了那些點綴的木色和
植物

圖 3-32（右圖）
自己動手，由原木枝條
製成廚房掛物杆

圖 3-33
由樹葉圖案燈具映襯下的料
理台。非常實用簡潔的廚房，
但隱含樹葉圖案的燈罩還是
為空間增添了活潑的氛圍與
點綴的色彩

圖 3-34
運用同一植物元素的廚房。
如今，許多材質和產品的圖
案都是可以訂製的。如畫面
中的廚房，面磚、餐具、面
料幾乎都來源於同一張素材
圖片

圖 3-35（左上圖）
廚房中雖然沒有大量綠色，
但森林氣息還是通過原木
傳遞了出來

圖 3-36（右上圖）
廚房裏種上有機蔬菜也不
錯，既能擁有自然的色彩，
也能享受自然的美味，何樂
而不為呢

圖 3-37（左下圖）
將不銹鋼枱面替換成原木
材質，可以弱化表面冰冷的
感覺。木色的置物架與原木
的家具腿形成了統一的材
質系統

圖 3-38 ~ 圖 3-40
將飯廳裝扮成一個小花園，
來一次豐盛的苔蘚盛宴也
不錯

圖 3-41
運用原木、藤製家具與燈具
的飯廳。桌上的餐具選擇了
綠色系，地面則為深灰色的
素水泥，以襯托自然主題

圖 3-42
非常注重陳設搭配飯廳。空間中的元素與物品數量眾多，但通過搭配顯得和諧統一。大部分材質或色彩都出現了三次，形成了穩定的關係，如藤編製品。淺色的桌布提亮了灰色背景的明度

圖 3-43 ~ 圖 3-45
自然元素的裝飾組合，也是一門擺放的藝術。要注意構圖的高低變化、組織色調關係以及物體造型間的搭配關係等因素

圖 3-46
綠灰色的牆面，配上黑鋼和原木，以及自然主題的裝飾品下的飯廳一角。卡座和餐桌可以訂製，枱面也可以選上清漆

圖 3-47 ～ 圖 3-49
幾組黑鋼配合原木的飯廳。原
木調和了黑鋼與家間冷漠的關
係。大膽的你也可以嘗試這種
原木與黑鋼搭配的效果

擁進自然的懷抱——睡房、工作室、書房

🔲 睡房

相較其他空間，睡房私密得多，它就好比主人的私人玫瑰園，單純但不單調。

在這處空間中，除了繼續發揮色彩與材質的作用外，各類布藝製品成了空間主角，軟墊、靠枕、窗簾成為了獨特的景觀。睡房中迷離的光效也是一個重要設計因素，它會帶來意想不到的效果（圖3-50～圖3-60）。

圖 3-50
猶如小木屋一般的睡房空間，主體的顏色都提取自森林。床上用品大多是麻製的，立面造型與家具追求的是一種手作感

圖 3-51（上圖）
白色基調配上深色原木家具
的睡房空間

圖 3-52（下圖）
睡房一角。你慢慢開始發現
自然主題的規律了嗎

圖 3-53（左圖）
用樹幹製作的床架

圖 3-54（右圖）
麻製、紗製面料為主體的睡
房空間。床背板上選擇了貝
殼為自然元素的裝飾品，整
個畫面有一種水邊釣魚小屋
的感覺

圖 3-55
藍綠色調，海洋為主題的睡房空間。主
要裝飾元素是貝殼，藍色的玻璃瓶就好
像水中的泡泡。燈具裏還裝了海沙

圖 3-56（左圖）
平面化自然圖案為背景的睡
房空間一角

圖 3-57（右圖）
綠色調非常明確的睡房一
角。白綠相間的被套為單純
的空間添加了活潑感

圖 3-58 ～ 圖 3-60
當自然主題遇上兒童房，
那又是另一番景色。在這裏
你可以看到藍天與白雲、小
鳥與刺猬、鞦韆與帳篷，在
這裏，自然的事件正在發生

🪨 工作室、書房

　　工作室就如同玻璃溫室，坐在裏面，悠閑地畫着速寫或瀏覽着讀物，與此同時，枱面上擺滿了各式植物……這是一處放慢節奏的空間，是一處安逸空間，也是一處屬自我的冥想空間。

　　與其他空間相比，工作室、書房更強調藝術性，各種各樣自然的陳設，將通過藝術性的方式充滿整個空間，在這裏，你將體會到擺放的藝術（圖3-61～圖3-68 ）。

圖 3-61
主材為素水泥的工作室。自然元素放置在空間的交界處，綠色的家具與地毯顯得格外醒目

圖 3-62
暴露牆面的植物工作室。各具
特色的植物容器成為了空間
的亮點，有的是採購的成品，
有的則是手作

圖 3-63 ~ 圖 3-65
為追求安靜，工作室或書房
的自然裝飾相對含蓄，但各
個單位卻又通過很細緻的擺
法得到了呈現，這也許是一
種擺放的藝術

圖 3-66 ~ 圖 3-68
不同基調下的工作室。有的強調
場景感，有的為表達材質的和諧
搭配關係，而有的則是通過添加
細節材質來體現自然主題

淋浴在自然的玉露下——洗手間

圖 3-69（左圖）
洗手間微微溫濕的環境，提供那些喜濕植物一處理想的「居住」場所

圖 3-70（右圖）
帶有苔蘚背景牆的浴室空間

洗手間屬水景邊的一角，它是一處安靜且私密的空間。

洗手間略帶濕潤的環境更適合擺放植物。與廚房一樣，各式面磚再次成為空間的主角，而自然系的材料，如原木或卵石也將延續自然的樂趣（圖3-69～圖3-77）。

圖 3-71
巨幅的植物寫意畫將洗手間
裝扮得猶如清晨的山間一樣

圖 3-72（左上圖）
在陽光照耀下，使用植物圖案浴簾的洗手間一角

圖 3-73（右上圖）
花磚配合原木材質的洗手間

圖 3-74（右下圖）
貼有仿原木材面磚的洗手間。幾株植物運用了現代形式的花盆，有一種雕塑感

圖 3-75（左上圖）
放滿各種盆栽植物的洗手間

圖 3-76（右下圖）
經過特殊處理，木質材質也
能使用在洗手間內

圖 3-77（左下圖）
苔蘚牆面以及暴露紅磚做法
的洗手間

流動於腳尖的觸感——過渡空間

過渡空間（包含走廊與樓梯）好比是花園的小徑，它將各個場所串聯起來，小徑上時不時出現的裝飾物也為這條通道增添了別致的韻味。

走廊是每個家幾乎都存在的空間，對於這樣一處交通要道，如果空間有限，則不適合擺放大件的裝飾，但可以通過壁紙、牆面或頂面陳設來裝飾空間。但如果空間寬敞，就可以陳列出裝置藝術般的場景效果（圖3-78～圖3-89）。

圖 3-78、圖 3-79
過渡空間功能比較開放，自然主題的設計與裝飾往往可以做得更隨性，輕鬆擺放的陳設便能產生不錯的效果

圖 3-80 ～ 圖 3-83
材質、顏色、植物、裝飾等設計方
法與元素都能應用在走廊或過道裏

圖 3-84～圖 3-86
綠化牆配合樓梯，使人們可以從更高的角度欣賞綠色。原木樓梯以及擺放在休閑平台上的植物，也是一種樓梯設計與裝飾的方法

圖 3-87 ~ 圖 3-89
居室中不同位置的走廊或過
道空間

光與草的細語——窗台、陽台

窗台和陽台好比是一個種植園，由於受到陽光的眷顧，可以開啟「種種種」模式。

在窗台邊或陽台上可以擺上軟墊或可以坐的家具，與自然來一番親密接觸，畢竟在家中打造自然環境的目的是用來享受的（圖3-90～圖3-101）。

圖 3-90、圖 3-91
窗台往往是一些自然事件的發生場所，在那裏，你就好像坐在公園的鞦韆上或長凳上，正進行着一次與自然的親密接觸

圖 3-92 ~ 圖 3-95
窗台邊可以用自然材質裝飾，
並擺放座椅與植物

圖 3-96、圖 3-97
封閉式陽台就好像一個玻璃
溫室，可以在其中鋪上「草
坪」或擺上戶外家具

圖 3-98 ～ 圖 3-100
戶外陽台或露台就是一處自
然的樂園,在這裏你完全可
以開啟「種種種」的模式,
並享受着悠閑的下午茶時光

圖 3-101
自然系的家的設計靈感都來
自於自然，其實打造她並不
難，最重要的是一份熱愛自
然、關懷自然的心

第 4 章
DIY 你的森系花園

方寸之間的靈氣——枱面擺設

🍀 苔蘚微景觀瓶

圖 4-1 ～ 圖 4-3
瓶中不同的植物搭
配，能呈現出不同
風格的自然景觀，
搭配不同的容器加
以呈現，會更有靈
氣更有趣

　　苔蘚微景觀將自然景觀微縮在這方寸的空間中，將苔蘚微景觀瓶捧於手中，能感受到來自大自然的綠色能量在這小小的瓶中迸發生長。近幾年它逐漸成為家中常見的枱面擺設，現在就自己動手來創造屬你的微縮景觀世界吧（圖 4-1 ～圖 4-12）。

圖 4-4
苔蘚景觀瓶的造型及植物類
型可根據個人喜好選擇，打
造出別具一格的瓶中景觀

圖 4-5 ～ 圖 4-8
① 準備好製作微景觀瓶的植物，基質土、火山石、裝飾石頭等；② 將大顆粒基質土置於瓶底鋪滿；③ 蓋上赤玉土及泥炭土至底層大顆粒不可見為止；④ 用火山石堆放在土壤上，擺放好預先設計好的構圖，預留種植空間

苔蘚微景觀瓶由苔蘚植物和蕨類植物運用美學構圖原理搭配組合在一起。

主要材料：苔蘚、蕨類植物（本書示範植物為大灰蘚、白髮蘚、鳥巢蕨、珊瑚厥、瓶子草）、基質土（本書示範使用赤玉土、泥炭土等）、火山石、小顆粒裝飾石、沙鏟、剪刀、鑷子、噴壺等。

圖 4-9 ~ 圖 4-12

⑤ 將植物修剪至合適大小；⑥ 一顆一顆耐心的種植植物；
⑦ 在火山石和植物的空隙間中放上苔蘚；⑧ 最後在部分點
綴一些裝飾石增進瓶中氛圍

　　關於維護：建議置於通風良好且避免陽光直射的空間中。家中窗台和燈光帶來的散射光就能滿足植
物們的光照需求。要保持瓶底常有積水以保持瓶中的濕度。一般每3~4天檢查一次瓶底積水並噴水濕潤
植物的每個角落。

　　DIY 小貼士：DIY的植物搭配可根據個人喜好自由選擇。苔蘚微景觀瓶的難點在於構圖，整體上注
意植物的大小比例與疏密關係。初期配合生根液能促進植物發根。

　　DIY 製作難度：★★★★

🍃 空氣菠蘿瓶

　　空氣菠蘿在香港的流行度還不高，但它卻是一種神奇的植物，用它製作的小裝飾絕對可以用「新、奇、特」來形容，製作一個空氣菠蘿瓶，好好裝飾你的家，當朋友看到它時一定會對你刮目相看（圖4-13～圖4-21）。

圖 4-13
簡單的空氣菠蘿瓶一
定會成為朋友羨慕的
一道桌面風景

關於維護：陽光不能直射，但有明亮散射光的窗邊。空氣菠蘿喜歡明亮的散射光，它通過葉片上的鱗片吸收水分，每天晚上用噴壺給葉片噴水（注意不要噴到葉心），將肥料放在水中，隨噴隨施。

圖 4-14
不同的空氣菠蘿可選擇不同顏色的小石子進行搭配

DIY空氣菠蘿瓶，巧用玻璃瓶作為種植盒，將植物打造的「美景」擺在身邊。

主要材料：空氣菠蘿，玻璃容器，乾水苔，小石子。

圖 4-15 ~ 圖 4-20

① 準備好製作素材，乾水苔和小石子可選不同的顏色；② 在容器底部先放一層細石子，再放粗石子；③ 擺放植物，並點綴乾水苔；④ 嘗試用不同的植物和容器造景；⑤定期為植物噴灑營養水

DIY 小貼士：空氣菠蘿不能直接種在土裏，所以做的時候要放在基質上，建議直接擺放在基質上而不是種在基質裏，空氣菠蘿瓶的容器選擇多樣，擺放的時候注意構圖即可。

DIY 製作難度：★★

圖 4-21
可選擇各種帶開口的玻璃瓶創造更多有趣的觀賞瓶

掛起來的綠意——牆面裝飾

☘ 圓形植物掛框

圖 4-22
利用舊時鐘改造後的
圓形植物掛框，有一
種出乎意料的植物畫
框效果

　　牆面猶如一面豎立的畫卷，懸掛着來自家的溫馨。在豎向空間上有很多可用作改造的物品，例如時鐘就是一個普遍又具有創造力的綠植改造素材，讓牆面多增添一抹綠意（圖 4-22 ～圖 4-26）。

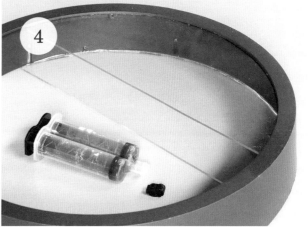

主要材料：圓形掛鐘，透明塑膠片，植物。

關於維護：通過透明塑膠板可以觀察到植物根鬚生長的過程，也能隨時根據土壤乾濕情況及時給植物補充水分和養分。

DIY 小貼士：由於時鐘框的厚度不大，種植槽較小，澆水時需掌握量少勤澆的規律。

DIY 製作難度：★★

圖 4-23 ~ 圖 4-26
① 準備好掛鐘、透明塑膠板和植物；② 將鐘面和機芯取出，留下環形框，在透明塑料板上按照環形框的內徑畫半圓（注意要畫兩個製成雙面擋板）；③ 為環形框塗上喜愛的顏色；④ 將切割好的 2 塊擋板用膠水固定至圓框內，最後在擋板槽內種上喜愛的植物即可

🍃 空氣菠蘿原木掛件

　　原木能為家帶來自然溫暖的氣息，利用原木塊和皮繩的簡單組合就可以製作出有趣的森系植物牆面掛飾。原木色的色調與任何植物搭配都會顯得相得益彰，給人一種「原味的自然」（圖4-27～圖4-36）。

圖 4-27
原木與植物的搭配，
能夠創造出非常自然
清新的感覺

DIY 空氣菠蘿原木掛件的製作相對簡單，只需一個木片和皮繩就可以製作完成。

主要材料：空氣菠蘿植物，原木片，皮繩，簡易金屬牆面掛鈎

圖 4-28 ～ 圖 4-32
① 準備原木片、植物、皮繩及掛鈎；
② 在原木片上鑽兩個小孔；③ 將皮繩穿過小孔；④ 把植物放置在原木片上；⑤ 將植物綁在木片上

圖 4-33 ～ 圖 4-35

⑥皮繩在木片反面打結固定；⑦ 將掛鈎固定在
木片反面；⑧ 調整好植物的位置

關於維護：放在光線較好的窗邊牆面。每日光照 4~6 小時最佳，每日噴

水一次，每月施肥一次，避免植物內部積水。

　　DIY 小貼士：皮繩綁帶不宜綁得過緊，固定時應避免損傷植物。

　　DIY 製作難度：★★

圖 4-36
可根據植物的體型選擇
不同大小及不同木紋方
向的原木片

長在家中的靈草──梯面裝置

🔶 梯面花廊

　　大地本身就是植物生長的孕育之地，可是在家中植物能夠接觸大地的機會就比較少，除了傳統的盆栽將植物請進室內外，還可以利用種植棉任意地在地面甚至是立體的梯面上構建出更多有創意的綠植裝置（圖4-37～圖4-47）。

圖4-37、圖4-38
利用家中樓梯的單側
空間，可以打造出別
出心裁的梯面藝術

如果你家中正好有一道樓梯，利用育苗塊將梯面打造成別具一格的梯面花廊。

主要材料：植物，育苗塊。

圖 4-39 ~ 圖 4-42
① 準備育苗塊；② 植物分好類待用；③ 在台階上放置種植棉；④ 選好基層植物插入育苗塊中

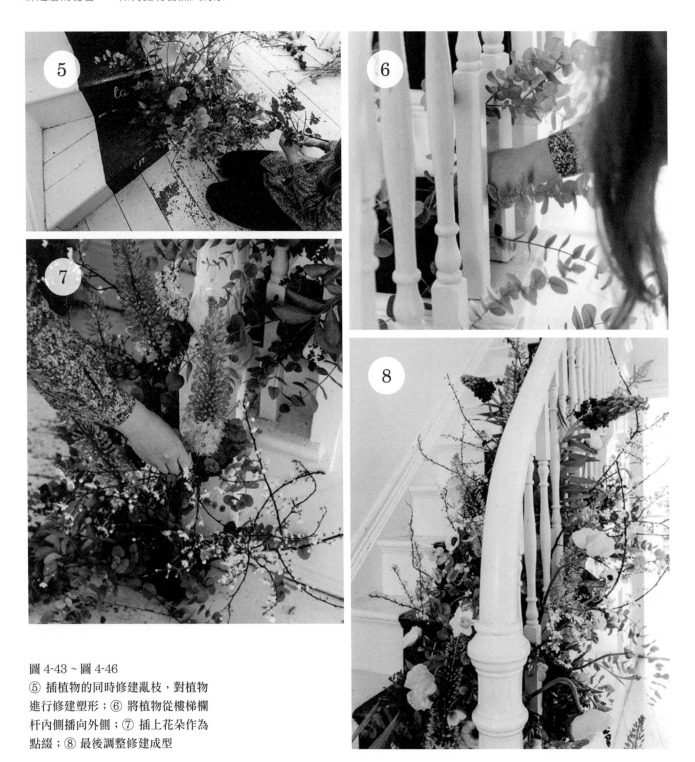

圖 4-43 ~ 圖 4-46

⑤ 插植物的同時修建亂枝,對植物
進行修建塑形;⑥ 將植物從樓梯欄
杆內側擺向外側;⑦ 插上花朵作為
點綴;⑧ 最後調整修建成型

圖 4-47
在家中上下樓都變得
如此綠意盎然

　　關於維護：3天給種植棉補充一次水分，室內保持通風，避免過於潮濕導致種植棉水分過多而生菌。

　　DIY小貼士：梯面一般光線較暗，在植物選擇上應盡量選擇耐陰型的植物。

　　DIY製作難度：★★★★

空中的綠色旋律——垂吊藝術

🪨 木框吊籃

陽光灑進房間，窗邊垂吊的植物滲透溫婉愜意的氣息，可以看出主人追求浪漫的生活情調。垂吊也是家中常見的種植方式，同時也是充分利用空間的秘密所在（圖4-48～圖4-61）。

圖 4-48、圖 4-49
簡單的懸空綠植擺放，就可以成為家中的一道靚麗風景

當家中的空間有限，可以利用木塊和麻繩自製「木框吊籃」將盆栽有序地吊起。

主要材料：帶盆栽的植物，木塊，麻繩。

圖 4-50、圖 4-51
懸空種植，省空間的同時也便於打理

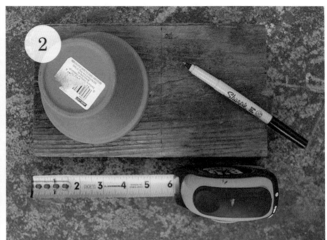

圖 4-52 ~ 圖 4-57
① 準備好製作工具，主要是模板和
繩子；② 在木板上勾勒出盆的大小；
③ 將木板上的勾勒線縮小一圈作為
切割線；④、⑤ 根據切割線將木塊
挖出一個圓形洞；⑥ 木塊四周鑽孔

關於維護：放在靠近窗邊有陽光直射的地方最佳，定期檢查繩結是否有鬆動，植物每3天澆一次水，每次澆透。

DIY 小貼士：量取盆栽高度的目的是為了確保植物與植物之間的生長距離，也以此確定繩結與繩結之間的距離，以最佳的間距固定木塊。

DIY 製作難度：★★★★

圖 4-58 ～ 圖 4-61
⑦ 根據上述方法再做幾塊備用；⑧ 將繩子塗上喜歡的顏色；⑨ 量取盆栽的高度；⑩ 用繩子穿過木塊四周小孔，根據盆栽高度打結固定木塊上下間的距離，最後套上盆栽

🪨 皮網吊籃

懸掛於空中的綠色在微風輕撫中輕輕搖曳，猶如空中的綠色旋律。懸掛的方式有很多，利用身邊的舊皮革，親自動手，做一個懸掛皮網是多麼美妙的事，原理簡單易操作（圖4-62～圖4-69）。

圖 4-62 ~ 圖 4-64
皮網製作的吊籃有一種
簡單而輕質的美。
① 準備製作工具，在硫
酸紙上畫好圓形網紋；
② 在皮革上用清水打濕

DIY 皮網吊籃採用網狀可拉伸的原理，將盆栽兜住懸掛在空中。

主要材料：植物盆栽，皮革，皮繩。

DIY 小貼士：皮革容易受潮，可為皮網上色的同時塗上防水層增加使用壽命。

DIY 製作難度：★★★

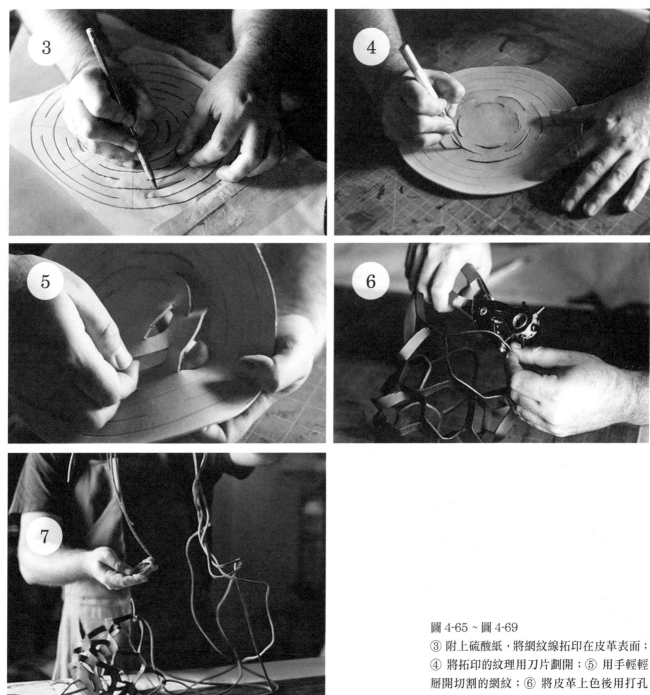

圖 4-65 ~ 圖 4-69
③ 附上硫酸紙，將網紋線拓印在皮革表面；
④ 將拓印的紋理用刀片劃開；⑤ 用手輕輕
掰開切割的網紋；⑥ 將皮革上色後用打孔
機在頂部打四個方位的孔；⑦ 用皮繩穿孔
作為懸掛繩

留住自然的秘訣——森系 DIY 欣賞

家是心靈的港灣，家中的綠色給生活帶來生活瑣碎之外的寧靜與和諧，自然之物會使我們放鬆，每一個親手做的DIY物件總是充滿了暖暖的回憶（圖4-70～圖4-100）。

圖 4-70（左圖）
藤編的籃子的柔和質感，使家也變得柔軟起來

圖 4-71（右圖）
不同的編織手法能夠勾勒出不同款式的吊籃之美，會編織的女主人總能利用自己的巧手，在空中變換出不一樣的綠色意境

圖 4-72
用綠色填滿廢棄的閑置空間，使舊櫥斬獲新生，有了新的使命

圖 4-73 ~ 圖 4-75
在盆栽中巧妙加入燈光元素，使夜晚也能將植物作為氛圍的主角。有時候善於用光點綴，也是一種不錯的嘗試，星星點點的燈光點亮了生活的暖

圖 4-76 ～ 圖 4-78
牆上、窗邊、陽台的每一寸角落，都洋溢着主人對
於美好生活的探索。巧用支架擺放散亂的盆栽，乾
淨且整潔

圖 4-79（左圖）
充分利用室內的每一個角落，將舊物改造成為新綠色天地，有時候，願意騰出一段時間來打理屬自己的角落，也是一件十分愜意的事

圖 4-80（右圖）
現代感極強的邊桌與下垂的綠蘿組合，簡約時尚中透露着生機。藤蔓軟化了金屬的冰冷，靜靜地演繹着客廳的綠色時尚

圖 4-81 ~ 圖 4-84
將植物用綠鐵絲捆綁在金屬環上懸吊與空中，親
手做的綠植花環躍於餐桌之上，沉浸在綠色中享
受一日三餐，食之健康有味

圖 4-85 ~ 圖 4-87
將閑置木盒去掉頂蓋直
接釘在牆上即可變為存
放植物的空間，簡單的
木框將綠色框於其中

圖 4-88 ~ 圖 4-91
每一寸牆面都可以煥發不一樣的綠色
魅力,一個盒子、一根木條、幾根細
絲就可以打造出豐富多彩的牆面藝術

圖 4-92 ～ 圖 4-99
陽光透過玻璃，照醒了玻璃鐵架中的綠色精靈。用牆面等空間
創造垂直綠植，觸摸垂葉尖瞬間將疲憊輕輕從指尖吸走

圖 4-100
家的每一個角落都
可以作為創作的綠
色空間

　　生活本不缺美，缺少的是用創意來點亮家中觸手可及的各種空間的智慧。喜愛自己動手的一定是個熱愛生活的人。我們要多感受多思考，在創意 DIY 的過程中領悟綠色給家帶來的自然本源。

第 5 章
森系草木筆記

圖 5-1
用體積較大的植物能
填補大而空的大空間

分享給讀者

關於森系家居設計的 17 個關鍵詞

（1）色彩：從自然中提煉的色彩以及和諧的基調。

（2）材質：天然的、保留天然表面的材料；人工的但具有天然質感的材料。

（3）形式：原生態的、不過多包含人工干預的造型。

（4）手作：每個空間中至少包含一件自然元素的手工製作物品。

（5）植物：森系居室的重要元素之一。

（6）完整：將眾多自然元素統一在一起。

（7）靈魂：熱愛自然、關懷自然的心。

（8）焦點：少就是多的裝飾要領。

（9）鬆動：不求滿鋪裝飾。

（10）時間：材質用的愈久愈自然；用時間經營家。

（11）意境：通過光效的幽暗感創造自然氛圍。

（12）單純：除去不必要的裝飾，突出主體。

（13）想像：運用自然元素需要腦洞大開。

（14）事件：在家裏還原在自然中發生的事件（如種花，坐在草地上）。

（15）匠人：用持之以恆的精神，投入到自然元素的DIY樂趣中。

（16）觸感：將自然的感受延續到體表接觸上，突破視覺的局限。

（17）擺放：通過構圖藝術對物件進行搭配以及擺放。

我們最喜歡的事

🍃 自然系之家主人喜歡做的事，如何享受自然風格的家

　　本書的兩位作者一位是景觀設計師另一位是建築師，都十分熱愛大自然。在工作的閑暇之餘，他們還開創了自己的獨立植物品牌——森之窩（The New Creative Garden），教授大家微景觀（苔蘚）的製作，以及如何用植物來裝飾自己的家。在產品的研究過程中，還將植物與飾品結合，以傳遞「森林離我們太遠，那就戴在身上」的理念。森之窩將自然森系家居追求自然、崇尚自然的生活態度帶入到綠植產品中，使更多熱愛自然的人一起享受森系家居帶來的自然本源之樂（圖5-2）。

圖 5-2
自製森系桌面擺設
——苔蘚景觀瓶

圖 5-3 ~ 圖 5-6
自製微景觀森系家居產品，苔蘚球、微景觀造景
及森系飾品

圖 5-7
簡單的花瓶搭配綠植，馬上能使空間生動起來

疑問與答疑

（1）Q：家裏已經裝修了好幾年，如何通過很小的改造創造自然系的風格？

A：陳設與布藝是個不錯的選擇。用自然系色彩或圖案的大塊織物將原始的表面，如桌面、沙發蓋上，再配以自然主題的裝飾品。

（2）Q：室內綠植能增加森林的感覺，但為甚麼我愈放愈亂？

A：選擇植物就好比戶外的景觀設計，也需要遵循比例、色彩以及與空間的協調度等要領。建議初期可選擇同一種植物下的不同分類（如綠蘿分為青葉綠蘿、黃葉綠蘿、花葉綠蘿、銀葛、金葛、三色葛等），這樣好搭配，空間效果也比較整體。

（3）Q：種類眾多的自然系材料與裝飾品，搭配起來有甚麼技巧？

A：搭配的技巧有很多，比如造型、質感、比例，但有一個技巧很重要，那就是色彩關係。從色彩關係入手，尋找具有共有色的元素進行搭配，有了色調後，各個單位的關係就比較和諧了。

（4）Q：和自然有關的陳設該如何佈置？

A：陳設佈置量不求面面俱到，選擇空間的交叉處或端景位佈置就可以了。如果是大件的可以擺上一件作為空間主體，如果是小件的可以擺上一個系列，形成組團。

（5）Q：我遵循了色彩搭配方式組織了綠色的房間色調，為甚麼看上去平平的？

A：可能是顏色的明度出了問題，試試換幾件深色或淺色的物品試試。燈光也很重要，點式光源更能突出視覺焦點。

（6）Q：有一種植物，叫「別人家的植物」，為甚麼別人家的植物可以養得很好，家裏會顯得很自然，而我的植物沒多久就死了？

A：植物和人一樣需要陽光、空氣、水分，還有溫度、營養等要素也十分重要，植物需要經常維護才能保持良好的狀態。懶人植物只是一個營銷用語罷了。

圖 5-8
遵循色調合一，局部點綴手法，
能夠打造出乾淨整潔的效果

（7）Q：除了常見的家居植物，還有甚麼比較新奇的植物可以點綴空間呢？

A：多肉，特別是苔蘚、空氣鳳梨、水生植物。普通家庭甚至是室內設計師對它們的了解度都還有限，即使是有，也僅僅作為養殖來定義。但是它們擺放出來後會有意想不到的效果。需要提前在家居中留出展示位置，從空間的角度來進行擺放。

（8）Q：旅遊時我撿了不少小段的原木，可以怎麼利用？

A：可以做一個原木相框。找一個現成的寬邊相框，用木膠（如果沒有，可以用環氧樹脂熱熔膠）將原木黏到框上去就可以了。如果讀者感興趣，也可以撿些小樹枝自己製作。

（9）Q：畫冊上的自然圖案抱枕都很美，可我在周圍的市場裏買不到，怎麼辦？

A：只要提供圖案，抱枕套（包括壁紙）都是可以訂製的。

（10）Q：如果從零開始，作者對打造自然風格有甚麼好的建議？

A：如果追求個性的話，可以定一個主題（以及它發生的時間），如晨霧下的水灣、午間林中的小屋等。所有的設計構想、顏色和材質以及其他要素都可以從這個原點出發，進行發散思維。如果追求實用的話，還是應從家的基本功能出發，只需選擇符合自然基調的色彩、材質以及陳設就可以了。

（11）Q：如何通過燈光營造出自然的感覺？

A：可以通過光影效果來表達這種感覺。選擇帶有鏤空（自然圖案）燈罩的燈具，當光源開啟時，光線會透過這些鏤空，效果就猶如樹葉的光斑。

（12）Q：打造森系主題的方法有很多，我該如何運用？

A：其實只需要選擇幾種方法就可以了，如把原木材料用到極致或色彩搭配色調感十足。設計不是不加取捨的堆砌，畢竟少就是多。

（13）Q：關於森系家居設計，作者還有甚麼好的建議給讀者？

A：對於森系家居，關鍵是需要主人對自然發自內心的熱愛，而不是追求表面的形式。家是一個需要用時間和精力去經營的場所，其實很多自然陳設品都可以DIY，不一定要買成品。這種自己動手創造「自然」與設計的過程，才是本書想傳遞給大家的。

參考書目

[1] 伊恩·倫諾克斯·麥克哈格著，黃經緯譯：《設計結合自然》（天津：天津大學出版社，2006）。

[2] 李英善著，成月香、李鳳玉譯：《夢想庭院──組合盆栽DIY》（武漢：湖北科學技術出版社，2010）。

[3] 丹尼斯著，尹弢譯：《綠色室內設計》（濟南：山東畫報出版社，2012）。

[4] 韋爾勒等著，齊勇新譯：《植物設計》（北京：中國建築工業出版社，2011）。

[5] AQUALIFE編輯部著，王君譯：《觀賞水草養殖輕鬆入門》（北京：中國輕工業出版社，2008）。

[6] 主婦之友社編，金蓮花、孫美花譯：《圖解水培花菜栽培》（長春：吉林科學技術出版社，2009）。

[7] 日本學研社著，徐茜譯：《時尚花草，香草生活》（北京：電子工業出版社，2012）。

圖 5-9
無需繁複的裝飾，根據空間功能制定色調與主題

作者
張毅　嚴麗娜

責任編輯
周宛媚

封面設計
鍾啟善

排版
何秋雲

出版者
萬里機構出版有限公司
香港鰂魚涌英皇道1065號東達中心1305室
電話：2564 7511　傳真：2565 5539
電郵：info@wanlibk.com
網址：http://www.wanlibk.com
　　　http://www.facebook.com/wanlibk

發行者
香港聯合書刊物流有限公司
香港新界大埔汀麗路 36 號
中華商務印刷大廈 3 字樓
電話：2150 2100　傳真：2407 3062
電郵：info@suplogistics.com.hk

承印者
中華商務彩色印刷有限公司
香港新界大埔汀麗路 36 號

出版日期
二零一九年十二月第一次印刷